Unsere kulturellen Verantwortungen nach dem Kriege

Vortrag
gehalten in der Hamburger Kunstgesellschaft
am 30. September 1914

von

Gustav Schiefler
Landgerichtsdirektor

Hamburg
L. Friederichsen & Co.
(Dr. L. u. R. Friederichsen)
1914

Preis: 50 Pfennig

Der Reinertrag ist für die Hamburgische Kriegshilfe bestimmt

Als der Vorstand der Kunstgesellschaft sich vor die Frage gestellt sah, ob das Programm des Winters zur Ausführung gebracht werden oder wegfallen sollte, haben wir uns ohne Zögern für die Ausführung entschieden. Die Befürchtung, manche Mitglieder könnten durch die Not der Zeit und die Sorge um die Lieben im Felde zu sehr in Anspruch genommen sein, um noch Sinn für andere Dinge zu haben, wurde durch die Erwägung zurückgedrängt, daß viele es als eine Art Erleichterung empfinden würden, wenn sie ab und an für eine Abendstunde Gelegenheit hätten, die Gedanken aus dem Zirkel der Kriegsereignisse, in deren Strudel wir doch immer wieder gerissen werden, zu befreien und auf anderes einzustellen. So hoffen wir das Rechte getroffen zu haben. — Die Gegenstände, mit denen wir uns beschäftigen wollen, sind ja nicht oberflächlicher oder gar leichtfertiger, sondern durchaus ernsthafter Art; wir wollen Anteilnahme erwecken an den Hervorbringungen edler Geistesarbeit, vor allem deutscher Geistesarbeit, und neben den Kriegsaufgaben, welche jeder Tag von uns fordert, ist auch das von nicht zu unterschätzender nationaler Bedeutung.

Indessen, wenn wir Sie schon heute zu einer ersten Zusammenkunft eingeladen haben, verstand es sich von selbst, daß das Thema dieses Abends nicht weit abliegen konnte von den gewaltigen Ereignissen der Gegenwart, in der wir leben. Unser ganzes Innere ist mit ihr noch zu sehr verwachsen, als daß wir uns von ihr loslösen und auf eine stille friedliche Insel, etwa künstlerischen oder literarischen Genießens flüchten könnten. Wir wissen ja, daß nicht nur die Zukunft, sondern die ganze Existenz unseres Vaterlandes von dem Fortgang dieser Ereignisse abhängt. Was wir wünschten, war das: die Gedanken aus der aufgeregten und zwischen Sorge, Schmerz, Hoffnung und Siegesjubel hin- und hergerissenen Gegenwart in eine Zukunft hinüberzuleiten, in der uns, wie wir zuversichtlich hoffen, nach einem endgültigen Siege ein ehrenvoller Friede beschieden ist; also in eine Zeit, die nicht mehr von Waffenarbeit, aber von einer nicht minder bedeutenden, wenn auch anders gearteten Arbeit, der Arbeit des friedlichen deutschen Geistes erfüllt sein wird. Das ist scheinbar ein Ausblick in eine Epoche des Ausruhens. Wer aber diese Zukunft fest ins Auge faßt, wird erkennen, daß von einem Ausruhen und einem behaglichen Genuß der Siegesfrüchte nicht die Rede sein kann. Das Schicksal klopft dann zum zweiten Male bei uns an und fragt, ob Deutschland nicht nur den militärischen, sondern auch den politischen, sozialen, kulturellen — ethisch- und ästhetisch-kulturellen — Anforderungen der Zeit gewachsen ist. Es sind ungeheure Aufgaben, die uns bevorstehen; Aufgaben, zu deren Bewältigung Generationen ihre Kräfte aufwenden müssen.

Man könnte zweifeln, ob es schon jetzt, während des Donners der Kanonen, an der Zeit sei, diese Fragen zu behandeln. Aber ich meine, wir können nicht früh genug ihnen unsere Aufmerksamkeit zuwenden, damit nicht der Strom der Zeit uns unvorbereitet findet.

Dem Charakter unserer Gesellschaft entsprechend wollen wir uns mit den Verantwortungen auf ästhetisch-kulturellem Gebiet beschäftigen, also denen, welche Musik, Kunst, Literatur, Philosophie zum Gegenstande haben und die andern nur insoweit streifen, als sie sich mit jenen berühren.

* * *

Als vor zwei Monaten der Krieg über uns hereinbrach, war es uns nicht anders wie einem Wanderer, dem der Atem stockt, wenn unvorhergesehen und überraschend sich ihm ein Orkan entgegenwirft. Gerhard Hauptmann sagt in seinem schönen Gedicht:

„O, mein Vaterland, heiliges Heimatland
Wie erbleichtest du mit einem Mal.“

Es war kein Erbleichen der Furcht, sondern ein Erbleichen im Bewußtsein der ungeheuren Verantwortung, die plötzlich vor uns stand. Aber es bedurfte nur eines kurzen Besinnens, und an die Stelle der Erschütterung trat ein anderes Gefühl, der einige und einmütige Wille zum Kriege, zum Kriege und zum Siege.

Ich war damals auf dem Lande: wir gingen am Abend durch's Dorf, um beim Brotmann, Schlachter und Milchmann kleine Schulden zu bezahlen. Sie waren alle junge Männer, mußten ins Feld und hatten ihre Barmittel nötig. Der Mond hing in den Baumkronen; in der Dämmerung vor den Häusern, in den Vorgärten, an den

Zäunen, in den Lauben standen Gruppen von Menschen, in denen Verwandte und Freunde Abschied nahmen. Man hörte kein lautes Wort, die Unterhaltung wurde im Flüsterton geführt, es war als ginge man durch die Hallen einer Kirche. Aber wer an die Gruppen herantrat, sah entschlossene Gesichter; die Augen leuchteten, die Hände waren geballt und sie sprachen: wir wollen es ihnen zeigen, daß sie uns zwingen, unseren Pflug und unsere friedliche Arbeit zu verlassen! — Sie alle haben das Gleiche erlebt, sei es, daß Sie in jenen Tagen in der Stadt, auf der Reise, oder auf dem Lande waren.

Als dann aber die Kunde kam, daß das ganze Deutschland, alle Klassen, alle Parteien, alle Konfessionen, ja in Österreich sogar alle von langem Zwist zerrissenen Nationalitäten eines Sinnes waren, da flutete es wie ein warmer Blutstrom durch unsere Adern, und wir sagten uns, ein solches Volk könne nicht unterliegen und untergehen, mögen auch die Opfer noch so groß werden.

Diese einmütige Erhebung ist ein Ereignis von ungeheurer Bedeutung, das wir unserm Gedächtnis nicht genug einprägen können und auch nach dem Frieden nie aus der Erinnerung verlieren dürfen. Die größten Optimisten haben es sich in ihren kühnsten Träumen nicht vorstellen können. Wir alle haben ja nicht bezweifelt, daß die Disziplin unseres Heeres stark genug sein würde, um im Kriegsfalle alle Soldaten treu bei der Fahne zu halten; daß aber die sozialdemokratische Partei in positivem Entschluß für den Krieg eintreten würde, haben wir nicht geglaubt. Wir waren nur ein kleines Häuflein, das die Überzeugung vertrat, die Arbeiterpartei mache eine ähnliche Entwicklung durch wie die Liberalen der 30er bis 50er Jahre des vorigen Jahrhunderts und werde sich vom Weltbürgertum zu nationalem Sinn durcharbeiten; daß dieses Ziel aber so schnell erreicht würde, hätten wir nicht für möglich gehalten. Nun ist uns dieses gnädige Geschenk wie ein glänzendes Kleinod über Nacht in den Schoß gefallen, und es ist unsere Pflicht und Schuldigkeit, es in seinem reinen Glanze und von Parteihader unbeschmutzt zu erhalten. Nach dem Frieden werden Parteikämpfe von Neuem kommen, und sie müssen kommen, wenn unser Staatswesen nicht verknöchern soll. Das aber wollen wir uns als unverlierbaren Gewinn aus dieser großen Zeit in die Zukunft hinüber retten, daß wir lernen im Andersdenkenden nur den Gegner und nicht den Feind zu erblicken und in dem Gegner den ehrlichen Kämpfer zu achten und hochzuhalten.

Das ist die eine der großen Verantwortungen, und jeder und jede von uns können sie zu unserm Teil tragen helfen. Dazu brauchen wir nicht Politiker zu sein; das tägliche Leben, das Gesellschafts- und vor allem das Vereinsleben bieten immerwährend Gelegenheit, und wenn gefragt wird, wie der Privatmann daran Anteil haben könne, so ist die Antwort nicht schwer: wenn zwei Menschen, die in grundlegenden Dingen verschiedener Ansicht sind, gut miteinander auskommen wollen, müssen sie ein Feld suchen, auf dem sie in gemeinschaftlicher Arbeit tätig sein können. Ich selbst habe oft mit politischen Gegnern auf künstlerischem und literarischem Gebiet zusammen gewirkt und dabei die Erfahrung gemacht, daß die Beobachtung, wie auch der Andere nicht um der Person, sondern um der Sache willen seine Kräfte einsetzt, Achtung erzwingt. Die Achtung gebiert das Vertrauen, und je mehr das Vertrauen zueinander die Volksgenossen beherrscht, um so größer ist die Gewähr für eine gesunde soziale Entwicklung.

* * *

Wenn wir die Frage stellen, wie denn diese noch vor Kurzem unmöglich scheinende Einigung aller Deutschen möglich geworden ist, so bringt uns die Antwort eine neue Überraschung. Der Grund der allgemeinen Begeisterung war die Überzeugung, daß wir in diesem Kampfe nicht nur für Hab und Gut, Haus und Hof, Herd und Familie, Macht und politischen Einfluß kämpfen, sondern daß höhere Güter auf dem Spiel stehen: die deutsche Art, der deutsche Geist, die deutsche Kultur. Das ist in jenen Tagen hundert-, ja tausendmal gesagt und es war keine Phrase wie bei den Engländern, Belgiern und Franzosen, sondern eine lebendige und von allen innerlich erlebte Wahrheit. Es ist in der Tat so; es handelt sich um einen Angriff gegen die deutsche Kultur, der in erster Linie und hauptsächlich von den Slawen gegen uns gerichtet ist.

Wer sich die Bedeutung dieser Tatsache klarmachen will, muß sich vergegenwärtigen, daß der Kampf schon über 1000 Jahre alt ist. Im 9. und 10. Jahrhundert saßen die Wenden und Slawen im Norden bis an die Elbe und im Süden weit über die Elbe hinaus. In ununterbrochenen Grenzkriegen mußten sich die Germanen ihrer erwehren, und die sächsische Eigenart ist im Feuer dieser Kriege zu hartem Stahl geschmiedet. Die folgenden Jahrhunderte, namentlich das 12te und 13te brachten die Flutwelle der großen Kolonisation, in welcher Deutsche aus allen Gauen und Stämmen die Länder jenseits der Elbe, jenseits der Oder und weit über die Weichsel hinaus besiedelten und unterwarfen. Dann trat eine Reaktion ein. Die Russen und die Polen festigten ihre Staatsverbände und gingen in langsamem Siegeszuge gegen die deutschen Eroberer vor; das Städtchen Tannenberg, das wir heute mit Stolz nennen, war damals Zeuge einer der entscheidendsten Niederlagen des deutschen Ordens. Aber die Machthaber zogen Jahrhunderte lang und bis in die neueste Zeit Deutsche als Staatsmänner, Feldherren, Beamte, Techniker in die leitenden Stellen. Das haben uns die slawischen Völker nie vergessen und uns mit dem Hasse einer Nation verfolgt, die sich ihrer geistigen Unterlegenheit bewußt war. Als dann die Erkenntnis hinzutrat, daß das Deutsche Reich und die habsburgische Monarchie der panslawistischen Ausdehnung nach Westen einen festen Damm entgegensetzte, wurde der Krieg geschürt, zu dem Zweck, die deutsche Macht und damit die deutsche Kultur zu brechen. Es ist ein gutes Zeichen für den politischen Sinn des deutschen Volkes, daß es das von vornherein erkannt hat.

An diesem Grundcharakter des Krieges ändert es auch nichts, daß England, wie sich immer mehr herauszustellen scheint, der Anstifter ist. Der Zusammenstoß der germanischen und slawischen Rasse mußte unter allen Umständen in absehbarer Zeit kommen, und darum wird es vielleicht später dem rückschauenden Auge als eine Art Zufall erscheinen, daß auf der einen Seite Frankreichs Revanchebedürfnis nach 1870 und auf der andern der Neid und die Eifersucht Englands gerade in diesem Moment sich mit dem slavischen Haß vereinigten. Vor 60 Jahren kämpften England und Frankreich gemeinschaftlich gegen Rußland, und wenn sich Rußland vor 30 Jahren stark genug gefühlt hätte, gemeinsam mit Frankreich gegen Deutschland loszuschlagen, würden wir die Engländer schwerlich auf Seite unserer Gegner gefunden haben. Aber gerade diese Sachlage macht es begreiflich, daß der grimmigste Zorn der Deutschen sich gegen England wendet, das sich lediglich aus materiellen Nützlichkeitsgründen den Feinden unserer Rasse angeschlossen hat.

Überraschend, wie ich vorhin sagte, ist die Bemerkung, daß die Erkenntnis von der Gefährdung unsrer idealen Güter diese Begeisterung ausgelöst hat, vom volkspsychologischen Standpunkt, und zwar um deswillen, weil sie im Gegensatz zu dem materialistischen Geiste steht, der, wie behauptet wird, unser Volk bis in seine Tiefen beherrscht. Es ist richtig, daß seit der Mitte des vorigen Jahrhunderts in Deutschland der Idealismus durch einen nüchternen Materialismus abgelöst ist. Nach der Reichsgründung und dem ihr folgenden wirtschaftlichen Aufschwung hat dieser Materialismus immer weitere Kreise ergriffen, und, auch das ist zuzugeben, manche unerfreulichen Blüten getrieben. Trotzdem dürfen wir ihn nicht allzusehr schelten; in seiner Richtung auf das Praktisch-Nützliche hat er unserm Volkstum manche gesunde und ihm bis dahin abgehende Eigenschaften zugeführt. Aber wir gerieten doch in Gefahr, ihm allzusehr zu verfallen. Erwerb und Reichtum, Wohlleben und materielle Genüsse aller Art drängten sich immer mehr in den Vordergrund, und die Vertreter des Idealismus, selbst eines gesunden und nicht verschwommenen Idealismus wurden mit überlegenem Lächeln abgetan. Nirgendwo ließ sich das besser beobachten, als hier in Hamburg.

Vor etwa 20 Jahren setzte eine Gegenbewegung ein, und in der jetzigen Begeisterung dürfen wir einen Beweis erblicken, daß sie auf der ganzen Linie gesiegt hat. Ich habe vor 15 Jahren in meiner kleinen Schrift über die Hamburgischen Kulturaufgaben gesagt, daß sich der Umschwung wie ein leiser Luftzug in den Kronen der Bäume bemerkbar mache, daß er aber zu einem Sturmwinde anschwellen werde, stark genug die trocknen Zweige aus den Wipfeln herabzufegen; ich bin damals als verstiegener Idealist verlacht. Vor drei Jahren hat Karl Lamprecht ausgesprochen, daß dieser Umschwung eine vollendete Tatsache sei; er hat dabei natürlich nicht die breiten Massen des Volkes, sondern die führenden Köpfe im Auge gehabt, auf die es allein bei solchen Veränderungen ankommt. Aber jetzt sehen wir, daß im ganzen Volk die Wage der Wertschätzung an den Gütern sich in Bewegung setzt und daß die Schale, in welcher die geistigen Genüsse liegen, sinkt zu Ungunsten des Materialismus.

Das ist gerade jetzt von der größten Bedeutung; zunächst für den Krieg selbst. Welch einen Vorteil haben wir vor den andern Nationen, daß wir von Idealismus getragen und für ideale Güter in den Krieg ziehen, insbesondere vor den Engländern, die nur um politischer Selbstsucht und materieller Vorteile willen das Schwert gezogen haben. Es ist doch bezeichnend, daß ein Mann wie der frühere Kriegsminister Haldane, der angebliche Freund des Kaisers und des deutschen Volkes an der Spitze einer Kommission steht, deren Ziel dahin gerichtet ist, deutschen Handel- und Gewerbetreibenden die Kundschaft wegzufangen. Von nicht minderer Bedeutung ist es aber für die Zeit nach dem Kriege; es ist ein gutes Omen dafür, daß wir die später uns gestellten Kulturaufgaben zu lösen im Stande sein werden.

* * *

Der uns Deutschen eigene historische Sinn veranlaßt uns Umschau in der Weltgeschichte nach Analogieen für unsere politische Lage zu halten: das ist nicht leicht, denn dieser Krieg ist in Wirklichkeit der größte, furchtbarste, umfassendste, den die Geschichte jemals gesehen hat. Im 7jährigen Kriege war Preußen auch auf allen Seiten von Feinden umgeben. Aber es galt doch damals nicht der Vernichtung des deutschen Volkes, und vom weltgeschichtlichen Standpunkt betrachtet, war der deutsche Kampf nur eine Episode in dem großen Ringen zwischen England und Frankreich. Bei der Türkengefahr des 15. bis 17. Jahrhunderts stand, wenn man von den vorübergehenden Bündnissen Frankreichs absieht, doch das ganze Europa den Asiaten feindlich gegenüber, und wenn wir an den Zusammenbruch des römischen Imperiums vor dem Ansturm der germanischen Barbaren denken, so handelte es sich um ein innerlich morsches Staatswesen mit mürbe gewordener Kultur und krankem Wirtschaftsleben, das auch ohne jenen Ansturm in sich zusammengebrochen wäre. Den einzigen stichhaltigen Vergleich, einen Vergleich, der ermutigt und fröhlich stimmt, bieten die Perserkriege.

Es sind schon oft Parallelen zwischen Deutschland und Griechenland gezogen, aber niemals mit größerem Rechte als in unserm Fall.

Das Griechenland um die Wende des 6. zum 5. Jahrhunderts sah schon auf eine jahrhundertlange Geistesentwicklung zurück. Homer hatte um 900, Hesiod um 700 gelebt; neben der heitern olympischen Götterwelt der homerischen Gesänge hatte sich seit uralter Zeit der geheimnisvolle Kult der Demeter und des Dionysos entwickelt, auf dessen Grundlage die orphische Lyrik mit ihren Theogonien und Kosmogonien entstanden war; die Reihe der großen Philosophen hatte um 700 der sagenumwobene Thales eröffnet, und seine Nachfolger Anaximander, Anaximenes, Pythagoras, Xenophanes und Heraklit hatten den Urgrund alles Seins und Werdens zu erkennen gesucht. Tragödie und Komödie standen in den Anfängen ihrer Entwicklung; Musik und Kunst hatten vom Auslande, Kreta, Ägypten,

Asien, Befruchtung empfangen, mit eigenen Trieben verwoben und zu einer herben Eigenart verarbeitet, und die Architektur hatte in den alten Göttertempeln schon frühzeitig Triumphe gefeiert. In dem Moment, wo alle diese Fäden sich zu einem Gewebe von herrlicher Gesamtwirkung zusammenfügen wollten, beschloß der Großkönig der Perser das kleine eigenwillige und unbotmäßige Volk zu züchtigen und zu unterwerfen. Es war ein Moment von der größten universal-kulturgeschichtlichen Bedeutung.

Auch damals standen sich gegenüber auf der einen Seite orientalische Despotie mit dem Anspruch absoluter Herrschaft über große ungegliederte Volksmassen, auf der andern Seite ein freies, selbständiges Volk mit der Tendenz die Besonderheiten seiner Stämme und Individuen zur Entfaltung zu bringen.

Jeder Vergleich hinkt. Die Kulturhöhe der alten Perser und der heutigen Russen ist grundverschieden. Wir wollen den Russen nicht unrecht tun; wir wissen alle, was wir ihrer Literatur verdanken; Schriftsteller wie Turgenjew und Gogol, Tolstoi und Dostojewski werden in Deutschland vielleicht mehr als in Rußland gelesen, aber diese feingebildeten Männer sind doch nur eine dünne Mittelschicht zwischen den brutalen Machthabern auf der einen Seite und dem ungebildeten panslawistisch verhetzten Volk auf der andern. Die Perser waren zwar, an der Feinheit griechischer Geistesbildung gemessen, Barbaren, aber sie hatten eine alte, vornehme, wenn auch dekadente Kultur. Mit etwas künstlicher Wendung könnte man sagen, jene persische Kultur vereinigte in sich die russische Barbarei und die französische Geistesbildung mit ihrer bei allem Glanze doch verweichlichten, abwärts gerichteten Tendenz. Es ließe sich hinzufügen, daß das Handelsvolk der Phönizier, die Engländer der alten Welt, dem Großkreuz für jenen Kampf ihre Flotte zur Verfügung stellten.

Diese Gegenüberstellung unserer Gegner mit denen der Griechen ist eine Art Gedankenspielerei, aber keine Spielerei, sondern ernsthaft gemeinte Wahrheit ist der Vergleich im Übrigen. Auch wir Deutsche sehen auf eine jahrhundertlange, ja mehr als tausendjährige Kultur zurück, die jetzt wieder im Begriff steht einen jugendlichen Aufschwung zu nehmen. Eine stolze Kette von Höhenpunkten nationalen Geistesleben liegt hinter uns, von denen ich nur die höchsten Gipfel erwähnen will: die Hohenstauffenzeit mit ihren Ritter-Epen und ihrem Minnegesang, mit der stolzen Architektur des

Übergangs-Stiles und der unbegreiflichen Blüte der Bildhauerkunst, wie sie in den Chorfiguren des Naumburger Domes ihre Höhe erreicht; zu Beginn der neuen Zeitrechnung die Kunst eines Schongauer und Albrecht Dürer, eines Grünewald und Holbein, unsere Reformation und unser Humanismus; die Musik Bachs und Händels am Ende des 17. Jahrhunderts und zu Beginn der neuesten Zeit unsere klassische Literatur, unsere klassische Musik und unsere klassische Philosophie.

Um die Mitte des vorigen Jahrhunderts, eben mit jenem Einsetzen des Materialismus trat eine scheinbare Erschlaffung ein, aber schon während dieser Erschlaffung bildeten sich neue Keime, die nach der Reichsgründung ein neues Leben vorbereiteten und den jüngsten Aufschwung einleiteten. Es kann hier nicht die Aufgabe sein, einen kulturgeschichtlichen Überblick dieser Epoche von 1870—1914 zu geben, aber der Fortgang der Erörterung macht es notwendig, gleichsam die stärksten und leuchtendsten Blumen aus diesem Garten zusammenzufassen: in der Musik stehen Joh. Brahms mit seinen lyrischen und symphonischen Kompositionen und Richard Wagner mit seinen Wort-Ton-Dramen an der Schwelle dieser Zeit und haben sie zu einem guten Teil beherrscht; sie, und ebenso ihre Nachfolger Rich. Strauß und Hugo Wolff haben nicht nur in Deutschland sondern auch im Auslande die größte Anerkennung gefunden. Die Literatur schloß sich anfangs dem Auslande, dem Naturalismus der Skandinaven, Russen, Franzosen an; Arno Holz, der junge Gerhard Hauptmann, Hermann Conradi waren die hauptsächlichsten Vertreter dieser Richtung, aber bald schon bog sie sich zu deutscher Art und deutschem geistigen Eigentum um. Der physiologische Idealismus Liliencrons und der psychologische Idealismus eines Stephan George, vor allem eines Gustav Falke und Richard Dehmel waren durchaus unserer Art, und die neuen Romantiker Eulenberg und Frank Wedekind weisen kaum noch eine Spur ausländischen Einflusses auf. In der Kunst war es ähnlich; der Naturalismus Leibls und seines Kreises und der Impressionismus Liebermanns und der Sezessionen lassen sich ohne den Einfluß Courbets und Manets nicht denken, aber auch sie haben die Befruchtung zu vollkommen deutschem Charakter verarbeitet, und die neueste Phase der Kunst, alles das, was man unter dem Namen des Expressionismus zusammenfaßt, ist viel deutscher, als das Publikum gemeiniglich anzunehmen pflegt. Seine Führer verehren in Mathias

Grünewald gleichsam ihren Zunft-Heiligen. Die Architektur hat im Anschluß an heimische Bauweisen neue Konstruktions-Formen entwickelt, die im Ausland überall als deutscher Stil bezeichnet werden. Und im Bereich der Philosophie will ich nur den einen Namen Friedrich Nietzsche nennen, den vielverkannten, der mehr noch als durch die Böotier und Philister durch seine jungen, unreifen Anhänger in Verruf gebracht ist, den ersten neueren Philosophen im Sinne der alten Griechen, der seine Philosophie nicht weltfern am Schreibtisch und in der Studierstube erklügelt, sondern sie erlebt und gelebt hat und alle Zeit bereit gewesen ist, sich ihr zum Opfer zu bringen.

Wenn Sie sich den Wesensinhalt der Werke vergegenwärtigen, welche diese Männer geschaffen haben, wird Ihnen klar, daß sich das deutsche Geistesleben der Epoche 1870—1914 noch nicht zu einem nationalen Stil erhoben hat. Es ist ein Bündel paralleler Strahlen, die in gleicher Richtung, aber noch nicht zusammenlaufen und des Augenblicks harren, in welchem der Kristallisationsprozeß eintritt.

In diesem Augenblick brach der furchtbare Krieg über uns herein; es ist wiederum ein Moment von größter universalkulturhistorischer Bedeutung, denn wie damals der Bestand der griechischen, so steht heute der Bestand der deutschen Kultur auf dem Spiele.

Ich wende den Blick nochmals nach Griechenland zurück. Als die Perserkriege zu Ende gingen, schloß sich das griechische Geistesleben zu einem einheitlichen Ganzen zusammen. Der griechische Genius erstrahlte in einem Glanz, der weit über die Jahrhunderte und Jahrtausende zu uns hinüber leuchtet: die Architektur und Kunst des perikleischen Zeitalters; die Tragödien des Äschylos, Sophokles und Euripides und die mit ihnen verbundene klassische Musik; die Komödie des Aristophanes; die Geschichtschreibung des Herodot, des Thukydides und Xenophon, und die Fülle der großen Philosophen Empedokles, Anaxagoras, Sokrates und Plato: es ist das Gesamtbild einer klassischen Einheit bei bewegtestem individuellen Leben.

Heute dürfen wir uns an diesem Schauspiel nicht mehr wie unbeteiligte fernstehende Zuschauer berauschen. Es muß uns ein Vorbild sein. Mit einer Art wonnigen Zitterns müssen wir uns sagen, daß, wenn wir ebenso wie damals die Griechen, aus diesem Kriege als Sieger hervorgehen, wir einen deutschen Geistesadel von gleicher Kraft und Größe schaffen müssen.

Der Krieg, den wir jetzt zu bestehen haben, ist das größte und furchtbarste Erlebnis, das einem Volke beschieden sein kann. Es könnte geschehen, daß wir Deutschen, wenn der Kampf beendet ist, für eine Zeit unser fröhliches Lachen verlernt haben. Jedenfalls müssen wir uns das klarmachen, daß, wenn wir unterliegen, unsere Macht und unser politischer Einfluß für Jahrzehnte, ja für Jahrhunderte zu Ende ist, und dann wird der deutsche Geist das einzige Rettungsmittel sein, von dem vielleicht nach langer Zeit eine Wiederbelebung und eine Wiedergeburt erhofft werden kann. Aber wir wollen uns in diese düstere Perspektive nicht vertiefen, wir haben keinen Anlaß kleinmütig zu sein. Wir werden in diesen Wochen auf eine harte Geduldsprobe gestellt, aber wir dürfen hoffen, daß wir uns bald über neue Siege freuen können.

Wenn wir aber als Sieger aus diesem Kampfe hervorgehen, dann haben wir einen Erfolg errungen, wie ihn die Welt nicht gesehen hat, einen Erfolg, dessen Größe unser Herz beklommen machen könnte. Wie ein edler Mensch, so wird auch ein edles Volk im Glück nicht übermütig, sondern es fragt, welche Pflichten ihm dieses Glück auferlegt; die Antwort geht dahin, wir sind nicht nur Europa und der Welt, sondern vor allen Dingen uns selbst schuldig, daß wir eine deutsche Geistesblüte heraufführen, welche der Welt des 20. Jahrhunderts den Stempel aufdrücken wird: das 20. Jahrhundert muß das deutsche Jahrhundert werden.

Das ist eine Verantwortung, in deren Bewußtsein wir von neuem erbleichen können.

* * *

Sie werden sagen, so etwas hängt nicht von dem Willen des Volkes ab, es sei ein Geschenk, das dem Einen bescheert, den Andern versagt werde. Das ist, wie ich glaube, nicht richtig; ein jedes Volk hat die Kultur, die es verdient, und es verdient die, welche es haben will, auf welche sein Verlangen, seine tiefe Sehnsucht, seine heiße Liebe gerichtet ist. Die schöpferischen Kräfte, welche die großen Taten des Geistes tun, das darf man annehmen, sind in jedem größeren Gemeinwesen jederzeit vorhanden; es kommt nur darauf an, daß sie den Nährboden finden, dessen sie bedürfen. Die Griechen haben ihnen diesen Nährboden geboten; auch wir müssen ihn zu bereiten wissen.

Diesen Nährboden zu schaffen, ihn zu bebauen und zu veredeln, dazu sind wir alle zu unserm Teil berufen, und es ist der Zweck der heutigen Erörterung, Sie zu bitten, daß wir alle uns gegenseitig und unsern Volksgenossen das Gewissen schärfen, diese Pflicht zu erfüllen.

Friedrich Nietzsche sagt einmal, es sei leichter einen großen Sieg erringen, als ihn ertragen. Er klagt über die seelische Haltung der Deutschen nach der Einigung von 1870; er wirft ihnen die billige und genügsame Zufriedenheit mit dem Erreichten und den Mangel an Bedürfnis nach geistiger Spannung vor. Sie wissen, der Patriotismus des Bildungsphilisters war ihm ein Ekel. Wer die Frage aufwirft, ob diese Vorwürfe berechtigt waren, wird sie kaum verneinen dürfen. Wir müssen uns gegenwärtig halten, daß alle Leistungen der genannten Männer in der Epoche 1870—1914 nicht auf den Schultern des Bürgertums zu Stande gekommen sind, sondern gegen das Bürgertum und gegen seinen lebhaften Protest. Wir wissen alle, wie Wagner verlacht und verlästert wurde; Gerhard Hauptmann und Dehmel, von Eulenberg und Wedekind nicht zu reden, haben den größten Teil des Publikums noch jetzt gegen sich, und in der Kunst sind alle, aber schlechterdings alle neueren Meister abgelehnt worden. Nietzsche wird erst von der Generation, welche jetzt kühn und stark aus dem Kriege zurückkehrt, verstanden werden.

Überall war es ein kleinliches Nörgeln und Besserwissen. Die große Gelassenheit des Geistes, die andere gewähren läßt, wachsen läßt, sich entwickeln läßt, bis sie das beste und größte, was in ihnen ist, geschaffen haben, war nirgends zu finden. Auch wir hier haben in den Kunst-Ausstellungen, im Deutschen Schauspielhause, in den Konzerten erlebt, wie das Neue, das Ungewohnte, das Bedeutende verlacht wurde und wie das Publikum in seiner Naivetät behauptete, es sei darauf abgesehen, es an der Nase zu führen. Ich stehe nicht an, bis zu einem gewissen Grade hierher auch die Entrüstung zu rechnen, mit welcher der biedere Bürger die Unbändigkeiten des Simplizissimus betrachtete. Gewiß hat er Unflätigkeiten gebracht und manches, was uns lieb und heilig ist, verspottet, aber es geschah nicht mit der frivolen Lässigkeit französischer Witzblätter, sondern mit kraftstrotzender, derber, bajuvarischer Sinnlichkeit. Ein gesundes Volk und gesunde Institutionen müssen auch das vertragen können, und daß wir es vertragen haben, ohne Schaden an unserer Seele zu nehmen, hat die Erhebung der letzten Monate bewiesen.

* * *

Der Wert eines Volkes oder einer Generation ist nicht allein nach dem Verhältnis zu bemessen, in welchem sie zu den Werken der Kunst, Literatur, Philosophie, also den Werken der schöpferischen Phantasietätigkeit stehen; die Leistungen der inneren und äußeren Staatskunst, der sozialen Schichtung, der Ethik und sonstigen Gefühlsbildung kommen nicht minder in Betracht. Aber die Frage nach der Empfänglichkeit für ästhetische Werte ist doch von hervorragender Bedeutung, und unsere heutige Betrachtung verlangt, daß wir diese Seite der Sache in den Vordergrund stellen. Da ist nun zu sagen, daß es für die Entwicklung unseres Geisteslebens notwendig ist, daß sich das Verhältnis gegen 1870 ändert. Es gibt Pessimisten, welche meinen, daß für alle feinere Geistestätigkeit auch jetzt wieder nach dem Kriege böse Tage kommen würden; sie fürchten, der Soldatenstiefel werde alle zarteren Keime zertreten, alles Militärische und in gröberem Sinn Politische werde sich wieder mit Hurrahstimmung in den Vordergrund drängen und äußerer Erfolg, materieller Vorteil, kurz alle Realien von neuem die Alleinherrschaft antreten. Der Krieg und seine Folgen sind den Musen gewiß nicht hold, aber ich hoffe, die Gefahr wird nicht so groß sein, daß ihr nicht begegnet werden könnte. Gerade jener Umschwung zum Idealismus, von dem ich anfänglich gesprochen habe, wird dazu helfen, sie besser als nach 1870 zu vermeiden. Gewiß wird der Krieg auch auf unsere Kultur einen bestimmenden Einfluß üben; es kann nicht ausbleiben, daß die Erlebnisse des Volkes in Waffen schon inhaltlich in Kunst und Literatur eine Rolle spielen, und das wird nicht nur kein Schaden, sondern ein Vorteil sein, wenn edle Kunst sie bezwingt und bemeistert. Aber darüber hinaus ist zu hoffen, daß die große Zeit den Rhythmus, den Takt und das Tempo auch des ästhetischen Empfindens zur Monumentalität in die Höhe reißt.

Wir erwarten von dem wiedererstandenen Idealismus, daß er mehr als bisher die schöpferischen Kräfte der Nation ermutigt und fördert. Ich denke nicht daran zu verlangen oder zu empfehlen, daß nun jeder alles schön finden oder loben sollte; das hieße aus einem Fehler in den andern fallen. Auch die Kritik ist gut und förderlich, vorausgesetzt, daß sie auf dem Boden der Anteilnahme, des Wohlwollens und vor allem des eindringenden Verständnisses steht. Bisher aber ist die Kritik des Publikums überall vom Gegenteil ausgegangen. Jeder Schaffende und jedes von ihm hervorgebrachte Werk sind Erzeugnisse des deutschen Geistes und sollten schon als solche Anspruch darauf haben, daß ihnen mit Achtung begegnet würde. Sie sind Bausteine zu dem großen und Ehrfurcht heischenden Gebäude der deutschen Kultur, und je größer und umfangreicher das Material dieser Bausteine ist, um so stolzer und höher wird dieses Gebäude emporgeführt werden. Wenn wir alle zu dieser Förderung und Ermutigung berufen sind, so können auch wir, die wir nicht zu den schöpferischen Geistern im engeren Sinne gehören, als Handlanger an dem großen Werke tätig sein.

Freilich, dazu bedarf es der Selbsterziehung. Diese Erziehung ist gleichzeitig eine Pflicht gegen uns selbst und gegen die Allgemeinheit. Buchgelehrsamkeit kann uns dazu nicht nützen, und ich denke auch nicht an eine Spezial-Vorbereitung für diesen Beruf. Es kommt darauf an, daß jeder, wenn ich mich so ausdrücken darf, seine Menschlichkeit herausarbeitet und zu einer runden Persönlichkeit gestaltet. Er muß damit beginnen, seine eigene, von anderen unterschiedene Seele zu entdecken, die heute mehr wie zu andern Zeiten unter hundert Vorurteilen, Konventionen und der ewigen Frage: was sagt der Nachbar dazu? verschüttet ist. Oft wird es nötig sein, daß wir ihre Spuren weit in die Erinnerung der Kindheit verfolgen, ehe wir sie finden: dann gilt es den Schutt, der sie verbirgt, zu entfernen und sie auf ihre Eigenart, ihre Fähigkeiten, ihre Triebe, ihre Neigungen zu beobachten. Diese müssen entwickelt und veredelt werden. Wer auf solche Art seine Seele gebildet hat und auf Grund dessen weiß, was er ist und was er kann, und was er will, der wird in allen Sätteln gerecht sein und auch den kulturellen Anforderungen, welche die künftige Zeit an ihn stellt, genügen. Denn er hat selbst Kultur, er hat selbst Geistesadel.

„Willst du, o Herz, ein rechtes Ziel erreichen,
Mußt du in eigner Angel schwebend ruh'n,

sagt Gottfried Keller in einer seiner schönsten Sonette und fährt in den letzten sechs Zeilen folgendermaßen fort:

Tu frei und offen, was du nicht willst lassen
Doch wandle streng auf selbstbeschränkten Wegen
Und lerne früh nur deine Fehler hassen!
Und ruhig geh den anderen entgegen.
Kannst du dein Ich nun recht zusammenfassen,
Wird deine Kraft die fremde Kraft erregen."

Das ist das Ziel. Wenn wir Deutschen uns alle recht zusammenfassen, und mit unserer Kraft die fremde Kraft bewegen lernen, dann schaffen wir das Räderwerk eines lebendigen geistigen Organismus, welcher alle Aufgaben bewältigen kann.

Dieser Weg führt uns auf eine noch höhere Stufe der Verantwortung, die letzte, die ich erwähnen will, aber nur kurz berühren kann, weil ihre gründliche Erörterung zu weit führen würde: die Aufgabe: den Typus des neuen Deutschen zu schaffen. Von jedem Volk, das in der Geschichte geistige oder politische Herrschaft geübt hat, ist ein solcher Typus hervorgebracht: der griechische Gelehrte, der römische Bürger (civis romanus sum), der italienische Renaissance-Mensch, der spanische Hidalgo, der Hofmann Ludwigs XIV. und der englische Gentleman. Wir modernen Deutschen sind noch nicht dazu gekommen, wir haben noch nicht genügend Gelegenheit gehabt, uns auf uns selbst zu besinnen. Unser Selbstbewußtsein ist zwar seit 1870 erheblich gestiegen, aber doch mehr äußerlich, als in einem Sinn, der auf die Grundlage unserer inneren Bildung gerichtet wäre. Und selbst äußerlich läßt es noch zu wünschen. Vor kurzem hat mir ein Freund, der aus Ostasien zurückkam, erzählt, auf dem Schiffe, einem deutschen Schiffe, seien junge Leute gewesen, die in lässiger Haltung und Sprache die Engländer markiert hätten, und erst als das Schiff in Port Said von den Engländern beschlagnahmt sei, habe es sich herausgestellt, daß es deutsche Kaufleute und Reserveoffiziere waren. Wie oft gefällt es uns, für Ausländer gehalten zu werden! Ich habe es erlebt, daß man in Holland einer deutschen Dame zu schmeicheln glaubte, indem man sagte, sie gleiche einer Engländerin. Das sind Äußerlichkeiten, wie es auch Äußerlichkeiten sind, wenn wir bei Sport und Spiel englische Ausdrücke gebrauchen, wenn unsere Damen französische und unsere Herren englische Moden nachahmen. Diese Äußerlichkeiten werden fallen, wenn wir erst gelernt haben, auch innerlich unsres Deutschtums froh zu sein, wenn wir nicht mehr nur auf militärische und politische Erfolge stolz sind, sondern uns mit unsern Volksgenossen eins wissen im Besitz einer starken, nationalen Bildung. Alfred Lichtwark hat einmal diese Frage in einem geistreichen Vortrage behandelt, den er in Weimar auf dem Kunsterziehungstage über: „den Deutschen der Zukunft" hielt. Er führte aus, daß Deutschland drei typische Vertreter einzelner Stände: den deutschen Professor, den deutschen Lehrer und den deutschen Offizier hervorgebracht habe, und von ihnen, vor allem von dem deutschen Offizier, erwartete er den größten Einfluß auf die Erziehung des zukünftigen Deutschen. Heute, wo wir täglich von Neuem Veranlassung finden, die Eigenschaften des deutschen Offiziers zu bewundern, werden wir dieser Hoffnung noch freudiger als früher zustimmen. Das Problem hat Lichtwark nicht gelöst, und auch wir müssen uns bescheiden; die Aufgabe erfordert noch jahrelange Klärung und Arbeit. Darum läßt sich nur allgemeines sagen: wir Deutschen müssen uns eine gemeinsame Weltauffassung erarbeiten, gemeinsame Ideale aufstellen, unsere gemeinsamen geistigen Bedürfnisse erkennen und die Form für ihre Befriedigung suchen und finden. Dann wird sich von selbst aus Inhalt und Form der Stil des neuen Deutschen bilden. Aber der einzige Weg zu diesem Ziele ist die strenge Selbsterziehung des Individuums.

* * *

Ich habe Sie in Gedanken in ein Land des Friedens geführt, von dem uns noch hohe Wälle und Dämme trennen. Ich schließe mit dem Wunsche, daß es uns bald beschieden sein möge, nach ehrenvollen Siegen diese Wälle zu überschreiten. Dann wollen wir weder übermütig noch gleichgültig werden, sondern demütig bleiben als solche, die noch nicht das Ziel erreicht, sondern noch einen guten Teil des Weges vor uns haben, demütig und voll heißer Liebe zu unserm heiligen Vaterlande.

FSC
www.fsc.org
MIX
Papier | Fördert gute Waldnutzung
FSC® C083411

Kolibri 360 GmbH
Ferdinand-Jühlke-Straße 7
99095 Erfurt, Deutschland
produktsicherheit@kolibri360.de